PRÉCIS

SUR

LES GREFFES

FAISANT SUITE

AU GUIDE DES PROPRIÉTAIRES ET DES JARDINIERS

Qui a reçu, en 1820, l'approbation de la Société Royale et Centrale d'Agriculture ;

AVEC FIGURES.

Par M. STANISLAS BEAUNIER,

Auteur du Traité sur l'éducation des Abeilles, couronné, en 1801, par la même Société d'Agriculture de Paris.

A PARIS

CHEZ MADAME HUZARD, IMPRIMEUR-LIBRAIRE,
Rue de l'Éperon-Saint-André-des-Arcs, n.º 7.

A VENDOME

CHEZ MORARD-JAHYER, IMPRIMEUR-LIBRAIRE.

1821.

Avertissement préliminaire.

LES instructions sur les greffes n'entraient pas dans le plan que je m'étais tracé, lorsque j'ai entrepris d'offrir aux propriétaires et aux jardiniers des avis essentiels sur le choix et la culture des arbres. Je ne me suis déterminé ensuite à traiter le sujet des Greffes, que d'après des conseils dont j'ai senti l'importance autant que j'en respecte l'autorité. Voici les raisons qui m'éloignaient d'aborder ce sujet et celles qui m'y ont ramené.

1.º Je supposais que les propriétaires qui se procurent, chez les pépiniéristes, telles espèces ou variétés d'arbres qu'ils souhaitent, ne doivent pas regarder l'art de greffer comme très-nécessaire pour eux ; mais je considère, d'un autre côté, qu'on désire quelquefois changer une variété de fruit que donne un certain sujet, soit qu'on ait été trompé à son occasion, soit qu'on se trouve mécontent d'une variété, qui est pourtant celle qu'on avait demandée. Dans ces cas, où j'ai été fréquemment placé moi-même, il n'est pas nécessaire d'arracher l'arbre pour en replanter un nouveau, dont l'accroissement exigerait quelques années, et dont la fécondité se ferait attendre long-tems encore. L'arbre pourvu de bonnes racines est disposé à produire des rameaux vigoureux et par suite, une quantité abondante de fruits; il sera donc laissé en place: la variété qui lui sera adaptée par le moyen de la Greffe, profitera de tous ces avantages, et fournira bientôt des fruits, sur la qualité desquels on n'aura aucune fraude à craindre.

2.° La description des diverses sortes de Greffes, avec quelque précision qu'elle soit faite, doit pourtant avoir une certaine étendue; parceque l'omission d'une précaution essentielle, qui paraît souvent peu importante, suffit pour faire manquer une opération; et je craignais que les développemens indispensables de ce sujet, ne me fissent sortir des limites dans lesquelles j'avais voulu me renfermer. Mais je me persuade que beaucoup de lecteurs auraient été disposés à blâmer le silence que j'aurais gardé sur cette matière, quoiqu'il eût été appuyé par de bonnes raisons, et que très-peu de personnes me reprocheront de l'avoir traité avec une juste étendue. Quoiqu'il en soit, je me suis borné aux détails essentiels. Ils me paraissent suffisans, avec le secours des figures, pour donner une connaissance complette de l'art du greffeur; il ne restera plus qu'à s'exercer fréquemment à la pratique, pour devenir capable d'opérer promptement avec dextérité et justesse.

PRÉCIS
SUR LES GREFFES.

CHAPITRE PREMIER.

De la Greffe en général.

La Greffe est une opération par laquelle une partie d'arbre, telle que celle qui est représentée dans les figures 11 et 12, (Planche II) [1] portant au moins un œil, ou le rudiment d'un bourgeon, fig. 13, et a, fig. 11, a, a, a, fig. 12, est implantée sur un *sujet*, c'est-à-dire sur un arbre sauvage, ou sur un autre arbre déjà greffé, dans la vue de changer l'espèce, ou du moins la variété de fruit que donne ce sujet.

La sève s'écoule, suinte, transsude tant du sujet que de la greffe, par suite de la section de l'écorce et dans plusieurs cas, par l'effet de son décollement. Ce suintement et cette transsudation sont fournis par le liber, ou écorce intérieure qui touche immé-

---

[1] C'est la planche I.re de cet opuscule et la II.me relativement à l'ouvrage dont celui-ci est la suite.

diatement le bois ou, pour mieux dire, l'aubier, ou la couche la plus récente du bois. La sève suinte des bords du liber, latéralement, supérieurement, inférieurement, ou elle transsude de sa face intérieure : elle sort aussi de la partie ligneuse, sur laquelle le liber était appliqué ; elle en sort dumoins dans le moment de l'opération. La sève du sujet et celle de la greffe se mêlent ensemble dans leur état de fluidité ; elles s'épaississent ensuite, deviennent dures, ligneuses, et ne forment qu'un même corps. L'endroit de leur union est comme un filtre par où la sève du sujet passe et où elle change de propriété. Elle arrive dans la greffe, dont elle développe l'œil ou les yeux, forme des bourgeons, puis des rameaux et enfin un nouvel arbre, dont toutes les parties et les productions paraissent très-ressemblantes à celles de l'arbre sur lequel ont été prises les greffes et ordinairement, très-peu, à celles du sujet, quoique ce soient les racines de celui-ci qui les nourrissent, quoique cette nourriture passe par le tronc, la tige et quelquefois plusieurs branches du sujet, avant d'arriver à la greffe.

De cette idée générale de la greffe, il suit que pour obtenir un véritable succès, 1.° l'arbre qui fournit les greffes, doit être analogue à celui qui les recevra. Ainsi on ne greffe point les arbres à fruits à pépin sur ceux à noyau, ni ceux-ci sur les premiers. On ne greffe même pas toutes les espèces à noyau les unes sur les autres : j'en dis autant de celles à pépin. L'Amandier et le Prunier reçoivent volontiers les greffes de toutes les variétés de Pêcher et d'Abricotier ; bien entendu que chacune de ces quatre espèces reçoit les variétés qui lui appartiennent, mais ces espèces ne se greffent pas indifféremment les unes sur les autres ni avec un succès assuré.

Le Pommier admet le Néflier, outre les variétés de sa propre espèce. Le Poirier sert de sujet pour le même Néflier ; il pourrait en servir pour le Cormier. Le Coignassier et l'Épine-blanche reçoivent ordinairement le Néflier et la plupart des variétés du Poirier.

2.° Il faut avoir égard aux saisons convenables, selon les diverses greffes que l'on veut pratiquer, et conformément aux indications que l'on trouvera dans les chapîtres suivans.

3.° Il est essentiel de mettre en rapport les greffes et le sujet, avec une précision plus ou moins grande, selon les différentes sortes de greffes, de manière toujours que les sèves coulant de part et d'autre puissent se rencontrer et se mêler.

4.° Il n'est pas moins important de préserver du desséchement les plaies qu'il faut nécessairement faire, pour quelque greffe que ce soit.

CHAPITRE II.

Des diverses sortes de Greffes.

Je vais décrire cinq principales sortes de greffes, auxquelles toutes les autres peuvent être rapportées. Elles feront le sujet de cinq articles, dont le premier sera consacré à la Greffe-en-Écusson, le second à celle en fente, le troisième à celle en couronne, le quatrième à celle en flûte, le cinquième à celle par approche. Les procédés de chacune peuvent être variés d'un très-grand nombre de façons : j'indiquerai les plus utiles.

Art. I. GREFFE-EN-ÉCUSSON.

§ 1. Définition de l'Écusson. Son usage.

On appelle écusson une pièce d'écorce, pl. II, fig. 14, plus ou moins grande, suivant la grosseur du rameau, qui la fournit. On doit aussi le proportionner à la grosseur du sujet sur lequel il sera appliqué, lui donner en largeur depuis une ligne et demie jusqu'à cinq lignes, et en longueur depuis six jusqu'à quinze lignes. Les dimensions sont à peu près indifférentes : l'essentiel est que cette pièce ait, sur sa face extérieure, un œil bien formé, et que cet œil ait son filet ou son germe traversant l'écorce et paraissant au niveau de la face intérieure a, fig. 15. Si une grande quantité ou la totalité de ce germe manque et laisse une cavité dans l'épaisseur de l'écorce, la Greffe ne peut pas réussir.

L'Écusson est employé pour tous les arbres fruitiers, excepté pour le Châtaignier, le Figuier, le Noyer. Il convient également à un très-grand nombre d'arbres d'agrément.

§ 2. Diverses manières d'écussonner.

On greffe en écusson soit à œil dormant, soit à œil poussant : à œil dormant, dans les mois de juillet août et septembre, parcequ'alors l'écusson ne peut que s'unir à l'arbre ; il y adhère aussi intimement que s'il en faisait partie ; il reste dans cet état pendant plusieurs mois et ne commence à pousser qu'au printems suivant. L'Écusson à œil poussant, ou à la pousse, se fait vers le milieu du printems, et pousse peu de tems après. L'une et l'autre sorte d'écusson se font de plusieurs façons : outre celles qui sont communément en usage, celle que l'on nomme *à emporte-pièce* mérite une attention particulière.

§ 3. Écusson a œil dormant.

En quelle saison il se pratique.

Cette greffe est la plus usitée : elle est même presque la seule pratiquée dans les pépinières. Elle a lieu sur des sujets de deux ou trois ans, ou sur de très-jeunes rameaux d'arbres plus vieux. Elle réussit moins bien sur de grosses tiges, dont l'écorce est épaisse et ordinairement un peu sèche. D'ailleurs, lorsque l'œil s'est développé, le sujet, qu'il faut couper audessus de la nouvelle pousse, offre une plaie qui exige des soins et qui occasionne très-souvent quelque difformité. Lorsqu'on veut greffer sur le vieux bois, il faut que le sujet conserve plus de sève et, par conséquent, il faut que la saison soit moins avancée que si l'on greffait sur de jeunes rameaux.

Le temps où l'on écussonne à œil dormant est celui où la végétation devenant moins active, conserve néanmoins encore un mouvement très-sensible ; de sorte qu'on puisse espérer que la sève du sujet et celle de la greffe auront, pendant quelque tems, assez de fluidité pour que l'une et l'autre sortent de leurs réservoirs, et se réunissent avant que l'écusson puisse être desséché. Cette époque varie suivant les années plus ou moins avancées, plus ou moins humides, et suivant les diverses espèces d'arbres. Assez ordinairement les Pruniers peuvent être greffés depuis la fin de juin jusqu'à la mi-août; les Coignassiers, depuis la mi-juillet jusqu'à la fin d'août; les Poiriers sauvages et spécialement ceux qui ont été semés en pépinière, se greffent à peu près dans le même tems que les Coignassiers, ou un peu plus tard. Il en est de même des Pommiers-paradis; mais pour ceux qui proviennent de semis de marc de cidre, le tems de la greffe peut se prolonger jusqu'à la mi-septembre. Les Cerisiers peuvent être greffés assez tard, pour éviter la gomme qui pourrait les attaquer si leur sève était trop abondante. Il faut néanmoins prévenir le moment où cette sève est sur le point de s'épaissir. Les Amandiers se greffent ensuite, et s'ils sont vigoureux, on peut différer jusqu'à la fin de septembre. Les ormes conservent leur sève très-long-tems, et peuvent être greffés, quand on en a la commodité, depuis la fin de juillet jusqu'au mois d'octobre. Les Mûriers, au contraire, ont besoin d'être greffés de bonne heure, parceque la cicatrisation de leurs plaies est très-lente et très-difficile.

§ 4. Du Greffoir.

Avant de faire connaître le procédé pour écussonner, je dois dire un mot de l'instrument employé à cette opération. Tout le monde peut savoir ce qu'est le Greffoir, ou l'apprendre en se transportant chez un coutelier; mais ces greffoirs qu'il est si facile de se procurer, ne sont pas tout-à-fait tels qu'ils devraient être. Il faut 1.° une lame a b, fig. 17, longue seulement de vingt lignes, dont la base c, qui repose sur le ressort, soit un peu enfoncée dans le manche. 2.° La largeur de la lame n'a pas besoin de plus de quatre ou cinq lignes. 3.° Il faut que cette lame soit du meilleur acier; que la trempe, ni trop dure, ni trop molle, soit de la main d'un bon coutelier; que le fil soit aminci et fin, suivant les espèces de greffes qu'on doit employer; car lorsqu'on a de l'écorce de Pêcher à couper, l'instrument n'est jamais trop tranchant. 4.° La spatule, d, sera d'acier plutôt que d'os ou de corne, parceque ces matières sont susceptibles de se briser. Elle sera longue de neuf ou dix lignes, s'ouvrira et se fermera, pour plus grande commodité. Elle sera arrondie par le bout, un peu amincie, mais non tranchante. 5.° Le manche aura environ trois pouces de longueur.

§ 5. Choix de la Place de l'Écusson.

Les arbres destinés pour basse-tige doivent être greffés dans l'endroit le plus convenable et le plus commode , un peu au dessus de la surface de la terre. Ceux destinés pour demi-tiges ou pour haute-tige, peuvent également être greffés en bas ; ils offrent par là une ressource lorsqu'on a besoin de les recéper. Il est possible aussi qu'ils soient plus féconds, mais moins vigoureux, que ceux qui sont greffés au haut de la tige.

La partie du sujet, fig. 23, qui recevra l'Écusson doit être unie, exposée au midi, lorsque l'on trouve sur ce côté une sève abondante ; parceque la plaie qui sera faite au sujet, lorsqu'on le rabattra au dessus de la greffe , sera plus favorablement située du côté du nord, pour se cicatriser.

Si le sujet est garni d'un grand nombre de rameaux, il faut se dispenser de les ôter. Ce retranchement ferait cesser ou suspendrait le mouvement de la sève et empêcherait le succès de la greffe , à moins qu'il n'eût eu lieu huit jours avant l'opération. Il est également sans conséquence, huit jours après que l'écusson a été posé. On peut toutefois, un instant avant d'écussonner, ôter les bourgeons qui gênent le plus, pourvu qu'on laisse , particulièrement ceux qui se trouvent au dessus de la place de l'écusson. J'ai même remarqué que lorsque la sève est devenue rare et presque insuffisante , lorsque l'écorce est sèche en plusieurs endroits et se lève avec difficulté, on n'a quelque succès qu'en posant l'écusson précisément au dessous d'un rameau ou d'un jeune bourgeon. C'est là seulement qu'il est facile de séparer l'écorce du bois.

On place encore des écussons sur différens points des branches d'arbres en espalier, lorsque ces branches dégarnies présentent de trop grands vides.

§ 6. Choix des Greffes.

L'Écusson, je veux dire la pièce d'écorce qu'il s'agit d'insérer sur le sujet, doit être pris sur des bourgeons ou rameaux de l'année. On choisit ces bourgeons sur des arbres qui soient non-seulement de l'espèce ou de la variété qu'on veut propager, mais encore qui produisent les fruits les plus parfaits de cette variété, ou les moins suspects d'être dégénérés. Les meilleurs bourgeons sont ceux dont la plus grande partie des yeux sont formés, mûrs et, comme on dit, *aoûtés*, c'est-à-dire nourris par la sève qui après avoir manifesté son action au printems, et après avoir paru s'arrêter vers le solstice d'été, a repris un mouvement plus modéré, et a perfectionné les productions de la première sève. Ce second mouvement qu'on nomme, improprement peut-être, la *seconde sève* ou la *sève d'août*, a un autre effet que celui de fortifier la partie des bourgeons produite par la première sève : elle y ajoute un prolongement garni d'yeux comme les productions du printems, mais trop récent, trop peu consistant pour fournir des écussons. On n'en fait pas non plus avec les yeux de la base de ces mêmes bourgeons, parcequ'ils ne paraissent pas assez nourris. Les branches gourmandes des Poiriers et des Pommiers, ayant des yeux petits et maigres, ne peuvent donner que de mauvais écussons. Les branches fluettes et chiffonnes sont encore plus mauvaises.

Aussitôt après avoir cueilli les bourgeons, fig. 19, il faut en retrancher les parties susceptibles d'une grande transpiration qui les dessécherait, telles que les extrémités tendres non ligneuses ; les feuilles aussi, sauf leur pétiole, non-seulement parceque la feuille supprimée toute entière laisserait l'œil un peu exposé au dessèchement, mais encore parceque cette partie conservée sera utile pour tenir et poser l'écusson. Si l'on n'emploie pas tout de suite les greffes, c'est-à-dire les bourgeons sur lesquels les écussons doivent être levés, on les place dans un lieu frais, le gros bout dans de la terre humide, mais non pas dans de l'eau, de peur de trop délayer la sève et de rendre impossible l'adhésion de la greffe avec le sujet. On pourrait seulement, si des greffes étaient un peu trop séches, mettre leur extrémité inférieure dans l'eau durant deux heures. Il ne serait pas inutile de les envelopper d'un linge mouillé pendant le tems employé à greffer. Si on les transporte au loin, il faut enfoncer les deux bouts, ou au moins celui du bas, dans des fruits aqueux, tels que melons, pommes ou poires, ou dans de la terre glaise; les envelopper de mousse mouillée et lier le tout de plusieurs tours de ficelle. Un autre moyen excellent de les conserver long-tems, c'est de les enduire de miel, qu'on fait disparaître, quand on veut, avec de l'eau froide.

§ 7. Lever l'Écusson.

Pour lever un écusson, fig. 19, on fait une incision transversale a, au dessus de l'œil; deux incisions b et c descendent des extrémités de la première, dans une direction parallèle, puis se rapprochent, se réunissent et forment un angle aigu. On soulève ensuite l'écorce tout autour de l'écusson avec la lame du greffoir ou avec la spatule; on appuie le pouce auprès de l'œil et d'une main on fait tourner le bourgeon, afin d'en séparer l'écusson, fig. 20, pourvu du germe ou filet, sans lequel l'œil ne pourrait se développer. [Voyez a fig. 15, qui montre la partie intérieure de l'écusson.]

L'écusson au lieu d'être taillé de la manière qui vient d'être décrite, peut tout aussi bien avoir sa pointe dirigée vers le haut, fig. 21, et d fig. 19. On est seulement obligé d'inciser le sujet dans le sens inverse de celui qui est prescrit pour l'écusson taillé suivant la première méthode.

Plusieurs espèces d'écussons difficiles à lever, obligent de recourir à un moyen qui réussit plus souvent que le précédent, et qui est plus communément employé dans tous les cas. Il faut passer la lame du greffoir entre le bois et l'écorce, autant qu'il est possible, e, fig. 19, et en ne prenant point, ou en prenant très-peu de bois, de sorte qu'il s'en trouve seulement sous l'œil b c, fig. 16. Ensuite, avec la pointe de l'instrument, qu'on tient d'une main, et en appuyant le pouce de l'autre main sur l'endroit qui correspond à l'œil, on enlève la partie supérieure d du lambeau de bois, s'il en est resté sur ce point; on en ôte aussi la partie inférieure e. On enlève même, on dissèque la plus grande partie du bois b c qui recouvre le germe de l'œil; car ce bois peut nuire lorsque l'arbre qu'il s'agit de greffer est un arbre gommeux: néanmoins il vaut mieux en laisser un peu, que d'altérer le filet a, fig. 15. On taille ensuite le haut de la pièce d'écorce, en formant une pointe e fig. 22, et l'on coupe le bas transversalement f, même figure. Le mieux est de ne le couper qu'après avoir posé l'écusson.

§ 8. Pose de l'Écusson.

La place de l'écusson étant déterminée, on fait, avec un greffoir, une incision transversale a a, fig. 23, d'une longueur au moins égale à la largeur de l'écusson que l'on doit y mettre, et divisant toute l'épaisseur de l'écorce jusqu'au bois. On fait une autre incision b c, qui part du milieu de la première, et qui descend verticalement jusqu'au point indiqué à peu près par la longueur de l'écusson : ces deux incisions présentent la figure d'un T. C'est ainsi que l'on opère lorsque la pointe de l'écusson est en bas. Dans le cas contraire, on forme un ⊥, ou T renversé, d d e f, en abaissant la seconde incision perpendiculairement sur le milieu de la première. La spatule, ou petite lame qui se trouve au bout du manche du greffoir, doit ensuite être passée dans la seconde incision, à droite et à gauche, pour détacher l'écorce; puis on y insinue l'écusson, en s'aidant des doigts pour tenir l'écorce du sujet un peu soulevée, et du dos de la lame du greffoir, appuyé légèrement sur l'écusson, pour faire glisser celui-ci dans l'ouverture qui lui a été préparée.

Si l'incision du sujet est en forme de ⊥, on a beaucoup de facilité pour y introduire l'écusson, parceque la base de l'œil forme un point d'appui solide, sur lequel on porte le doigt ou le dos du greffoir sans risquer de meurtrir l'écorce. C'est toujours de cette façon que l'on greffe les Orangers.

La partie de l'écusson f, fig. 22, qui excède l'incision transversale d d, sera coupée d'un coup de greffoir qui tombera dans cette incision même.

Il faut avoir soin que l'écorce du sujet et celle de la greffe se touchent dans les points où elles sont coupées transversalement, c'est-à-dire au long de la ligne a a, ou d d, fig. 23; car c'est là que leur union se fait le plus promptement: elle se fait ensuite par la sève qui s'écoule de chaque bord latéral de l'écusson, et celle qui sort entre le bois et l'écorce du sujet, dans les points où cesse le décollement fait par la spatule du greffoir.

Pour assurer le succès de l'écusson sur les arbres verds et résineux, une précaution est recommandée dans les Mémoires de la Société d'Agriculture de Paris, [Année 1790] d'après M. de Magneville: elle consiste à faire au dessus de la greffe, deux incisions en forme de chevron brisé ou de V renversé, g h i, figure 23.

§ 9. Lier l'Écusson.

Le greffeur ou un aide qui l'accompagne, finit par lier l'écusson. Cette opération, quoique simple, exige néanmoins un certain dégré d'habileté qu'on acquiert par l'habitude. Il faut que l'écusson soit suffisamment serré et appliqué contre la partie ligneuse du sujet ; que les incisions soient recouvertes et on tâche de ne laisser que l'œil à découvert. Quelques greffeurs commencent la ligature vers la partie la plus large de l'écusson, d'autres vers la pointe ; ceux-ci, par ce moyen, appliquent plus exactement la partie opposée contre l'écorce du sujet.

§ 10. Liens en usage.

Les différentes sortes de liens employés communément sont : 1.° la filasse, qui comprime et étreint trop fortement l'écorce et cause des étranglemens, lorsqu'elle est resserrée par l'humidité, tandis que le sujet prend un plus grand volume.

2.° La laine, qui est préférable à la filasse et à plusieurs autres sortes de liens, parcequ'elle a une élasticité qui lui permet de s'étendre sans se relâcher ; cependant elle ne laisse pas d'exiger du soin, parcequ'il faut ôter ou desserrer à propos les ligatures.

3.° Les écorces de tilleul, d'orme, d'osier, de saule, de coudrier, préparées par rubans étroits, arrangées en pelotons, et trempées quelque tems avant qu'on les emploie, sont des matières moins dispendieuses peut-être que la laine, mais sujettes à se contracter, à se retirer, à se rétrécir par l'effet du hâle; desorte que l'écusson ne se trouve plus ni appliqué contre le sujet, ni préservé du dessèchement.

§ II. Liens de Rubanier.

Les liens les meilleurs, les plus économiques, et qui sont trop peu connus, se font avec les feuilles longues et étroites d'une plante aquatique, nommée *Rubanier redressé* ou *Ruban d'eau redressé*, (SPARGANIUM ERECTUM.) Nos jardiniers l'appellent *Ruche:* ils s'en servent non-seulement pour lier les écussons, mais encore pour former des bottes d'oignon, d'asperges, de raves *etc.* Cette même plante servait autrefois à lier les langes des enfans.

Les avantages qu'offre l'usage de cette plante, la facilité qu'il y aurait de la confondre avec d'autres qui paraissent lui ressembler, mais qui n'ont pas la même qualité, qui ne valent pas même, sous ce rapport, les écorces de tilleul et autres semblables, m'engagent à en donner une description sommaire, accompagnée d'un dessin, fig. 18. Elle se distingue aisément, lorsqu'elle a pris tout son accroissement, dans les mois de juin et de juillet, par ses fleurs ramassées en chatons sphériques, au nombre de trois ou quatre, assez rapprochées, à l'extrémité supérieure d'une tige de sept à huit pieds de hauteur. Ses fleurs mâles a a, sont à part sur un même chaton: elles sont jaunâtres, ont un calice de trois pièces, point de corolle, trois étamines. Les fleurs femelles sont aussi sur des chatons séparés, et portent un stygmate à deux divisions, implanté sur un ovaire qui devient une capsule, ou un brou, renfermant une seule semence. Quelques feuilles sont distribuées tout le long de la tige; les autres, beaucoup plus nombreuses, partent du collet de la racine; elles sont carénées, ou en forme de gouttière, larges de dix à douze lignes, à peu près aussi longues que la tige: elles ont trois pans, renfermant entr'eux une espèce de moëlle, depuis la racine jusqu'au tiers ou jusqu'à la moitié de leur hauteur.

Le Rubanier se trouve dans les fossés pleins d'eau, dans les ruisseaux et vers les bords des rivières. On le recueille à la fin de juin, en le coupant tout auprès de sa racine. Il faut le faire sécher à l'ombre, pendant un ou deux jours, l'étendre ensuite par couches minces sur l'aire d'un grenier, le ramasser enfin par fagots liés dans trois ou quatre points de leur longueur.

Peu de tems avant de faire usage des feuilles du Rubanier, on les arrange en pelottes que l'on imbibe d'eau et que l'on enveloppe d'un linge mouillé.

Chaque feuille peut être divisée en deux ou trois longueurs, dont chacune sert à lier plusieurs écussons, si les sujets ne sont que d'une grosseur médiocre.

§ 12. Signes de la réussite de l'Écusson.

On juge qu'un écusson est bon, c'est-à-dire qu'il fait corps avec le sujet, si huit, dix ou douze jours après qu'il a été posé, la partie de feuille qu'on avait laissée, tombe d'elle-même, ou cède au moindre effort. Il ne vaut rien si cette partie de feuille se séche et tient fortement à la base de l'œil. On peut expliquer ainsi ces différens effets: Les feuilles naissent avec les yeux, les protègent et contribuent à leur accroissement; mais elles ne tiennent à la base des yeux que pour un tems, en quelque sorte par juxtaposition et par des filets déliés, qui semblent n'être qu'abouchés avec les vaisseaux séveux de la branche qui les porte. Dès que la sève s'épaissit, qu'elle s'arrête ou qu'elle prend son cours par des canaux plus larges que ceux des feuilles, celles-ci tombent: c'est ce qui arrive aux approches de l'hiver. Le même effet a lieu aussi lorsqu'un écusson devient adhérent au sujet sur lequel on l'a posé. La sève qu'il contient ou qu'il reçoit, perd sa fluidité et ne passe point par le pétiole. Celui-ci doit abandonner l'endroit de son insertion, plutôt que de se dessécher; parceque la sève ne l'abandonne qu'insensiblement, tout en le préservant de l'impression du hâle. Lorsqu'au contraire l'écusson n'a pas réussi, il meurt en même tems que la feuille, sans que les points d'adhérence du pétiole aient été détruits par les causes que je viens d'indiquer.

§ 13. Ravalement des sujets greffés.

Ce ravalement se fait en deux fois: 1.° après l'hiver lorsque les écussons se trouvent verds et les yeux en bon état, on coupe les sujets à quatre ou cinq pouces audessus. Si on les coupait tout près des écussons, ceux-ci seraient *éventés*, à moins que les sujets ne fussent très-petits, et que les plaies ne fussent recouvertes d'un emplâtre qui favorisât la formation de la cicatrice. Un sujet qui serait coupé à un pouce seulement audessus de l'écusson, présenterait un chicot dont le prompt dessèchement s'étendrait peu-à-peu, et nuirait beaucoup à la greffe. Ainsi, il vaut mieux laisser une partie de tige d'une certaine longueur, qui peut vivre encore au moins durant un an; d'autant mieux qu'il se trouve souvent, sur ce tronçon, un œil qu'on laisse pousser.

Le bourgeon qui en provient, doit être pincé à plusieurs reprises ; c'est le moyen de modérer la force de sa végétation, de sorte qu'il attire seulement la sève nécessaire pour préserver de la mort la partie du sujet qui le porte, sans empêcher la greffe de recevoir toute celle dont elle a besoin. Cependant tous les autres bourgeons qui naissent au long de la tige du sujet, doivent être retranchés, à l'exception de quelques uns des plus petits, qu'on laisse pour employer la sève que la greffe ne pourrait pas absorber. Quant à la pousse de l'écusson, il faut la rapprocher du sujet et l'y attacher, par le moyen d'un lien de rubanier.

2.o L'année suivante, avant l'hiver, ou à la fin de cette saison, c'est-à-dire quinze ou dix-huit mois après que l'écusson a été posé, on coupe le sujet en bec de flûte arrondi et opposé à la greffe. On ne doit pas négliger d'appliquer sur cette plaie l'onguent ou l'emplâtre du jardinier.

§ 14. Greffe a Emporte-pièce.

On taille l'écusson carément aux deux extrémités, c'est-à-dire en parallélogramme ou carré long, fig. 24, et g, fig 19. Aulieu d'inciser l'écusson en forme de ⊤ a a b c, fig. 23, ou de ⊥ d d e f. On fait une incision transversale a a fig. 26, puis une verticale a b. On mesure ensuite la largeur de l'écusson en le posant au long de cette incision a b, et faisant une autre incision verticale a c; après quoi il faut lever le zest, qu'on divise ou qu'on a divisé en deux lanières par la ligne d d; poser l'écusson qui doit toucher trois côtés de l'écorce du sujet; placer les deux lanières à droite et à gauche de l'œil, et terminer par la ligature.

Ce procédé est très-avantageux : les bords de l'écorce du sujet n'étant point séparés du bois, communiquent immédiatement leur sève à l'écusson, aulieu que la sève qui vient entre le bois et l'écorce décollée dans une certaine étendue, suivant les procédés expliqués ci-dessus, fig. 23, est beaucoup plus long-tems à rejoindre l'écusson. Aussi cette sorte de greffe convient non-seulement aux arbres que l'on a coutume d'écussonner, mais encore aux espèces sur lesquelles on ne pratique ordinairement que la greffe en flûte.

On se sert quelquefois, pour lever l'écusson, d'un instrument nommé emporte-pièce. Il représente deux côtés seulement du carré long, et on le porte à deux fois sur l'écorce g fig. 19, pour inciser la pièce d'écorce, fig. 24. Si l'instrument avait quatre côtés, il inciserait ou marquerait d'une seule fois les quatre côtés du parallélogramme ; mais alors on serait gêné par l'œil ou par le pétiole qui accompagne l'œil. L'emporte-pièce est porté de même sur le sujet e f g h, fig. 26, pour enlever la pièce d'écorce dont la place sera exactement remplie par l'écusson.

On fait la ligature en appliquant d'abord sur l'écusson, le milieu du lien dont les deux bouts doivent revenir l'un vers l'autre et se croiser, de manière que les incisions soient entièrement recouvertes. On ne laisse appercevoir que l'œil.

§ 15. Greffe en écusson a la pousse ou a œil poussant.

Cette greffe diffère de celle en écusson à œil dormant, principalement par la saison où on la fait. Cette saison est celle du printems ; et le moment favorable est celui où les sujets sont suffisamment en sève pour que leur écorce se sépare du bois avec facilité.

Les branches sur lesquelles on lève les écussons doivent avoir été cueillies, non-seulement avant que leurs yeux aient grossi et se soient alongés en bourgeons, mais encore avant le premier mouvement de la sève, dans les mois de janvier ou de février. On conserve leur fraîcheur en les enfonçant, à la profondeur de trois pouces, dans une terre humide exposée au nord, ou dans une terrine remplie de terre humectée et placée dans une cave, en un mot en préservant soigneusement du hâle, et les greffes et la terre dans laquelle elles sont plantées.

Lorsqu'on veut les employer, si elles paraissent un peu sèches, on peut les mettre par leur gros bout, durant deux heures, dans de l'eau de fumier ou de marre, tiède ou seulement dégourdie, afin de délayer la sève et de faciliter le décollement de l'écorce. Pour l'ordinaire il vaut mieux s'en dispenser : les écussons se lèvent assez facilement sur des branches qui appartenaient à des arbres passablement vigoureux. Si, malgré l'attention avec laquelle on glisse la lame du greffoir immédiatement sous l'écorce, il se trouve un peu de bois avec l'écusson, il faut le retirer en en laissant le moins possible, et tout au plus dans la cavité du germe de l'œil b, fig. 16, car si la partie ligneuse n'empèche pas le succès de l'écusson auquel elle est restée appliquée, lorsque ce n'est pas le manque absolu de sève qui a forcé de la laisser, elle nuit toujours un peu et s'oppose à ce que l'adhérence ne soit parfaite.

L'écusson à œil poussant doit avoir sa pointe en haut, fig. 25, afin qu'on ait la facilité de le poser en le faisant monter d d e f, fig. 23, parcequ'il n'est pas accompagné d'une feuille qui puisse aider à le faire descendre. On fait aussi cette greffe comme celle à emporte-pièce, fig. 24 et 26.

Quelques jours après que l'écusson a été posé, il commence à adhérer au sujet et à devenir capable de recevoir toute la sève dont il a besoin pour se développer. Alors on coupe le sujet à 4 ou 5 pouces au-dessus.

Plusieurs jardiniers greffent à œil poussant, quoiqu'ils n'aient pas eu la précaution de cueillir d'avance les branches sur lesquelles ils doivent lever les écussons. Ils ne peuvent employer les yeux de l'année précédente, lesquels sont déja alongés en bourgeons : ils sont donc obligés d'attendre que ces jeunes scions aient acquis assez de consistance pour fournir des yeux nouveaux suffisamment formés, et susceptibles d'être levés. Souvent ces greffes ne sont faites qu'après la mi-juin ; mais après cette époque, et après le tems nécessaire pour qu'elles se disposent à pousser, elles ne prennent pas assez de force jusqu'à l'hiver, et elles ont besoin d'être enveloppées de mousse pour être préservées des gelées ; enfin elles sont moins avantageuses que celles en écusson à œil dormant, qui seraient faites plus tard et ne pousseraient qu'au printems suivant, mais qui donneraient, d'un seul jet, des scions vigoureux.

La greffe en écusson à œil poussant faite au commencement de mai, convient aux Cerisiers. Ces arbres seraient exposés à être attaqués de la gomme si on les greffait en juin. Elle se fait aussi sur la plupart des autres arbres, et sur les parties dégarnies des espaliers.

Art. II. GREFFE-EN-FENTE OU ENTE.

§ 1. Usage de l'ente.

En quel tems elle se pratique.

Cette greffe est très-usitée pour les Pommiers et les Poiriers, spécialement pour les sauvageons tirés des forêts. On l'applique aussi au Prunier, sur lequel j'ai vu réussir non-seulement les variétés de son espèce, mais encore quelquefois le Pêcher et plus rarement l'Abricotier.

Elle doit se faire au premier mouvement de la sève. On la fait pourtant quelquefois plusieurs semaines plutôt, ou un mois plus tard, pourvu que l'écorce, dans ce dernier cas, ne quitte pas trop facilement le bois. Quoiqu'il en soit il est essentiel que les greffes, c'est-à-dire les rameaux qui doivent être implantés sur les sujets à greffer, soient cueillies dans le mois de janvier ou dumoins avant que la sève commence à reprendre son cours.

§ 2. Procédé pour enter.

Il faut couper le sujet, fig. 29, avec une scie, lorsqu'il est trop gros pour qu'on emploie la serpette: unir ensuite la coupe soit avec une plane, soit avec un autre instrument; le fendre par le milieu a, ou mieux en passant à côté du centre; non pas qu'il soit bien dangereux d'entamer la moëlle, mais parcequ'il est bon d'éviter un épanchement de sève, qui est plus abondant lorsque le canal médullaire est ouvert que lorsqu'il est épargné. Pour fendre le sujet on se sert de la plane ou d'un gros couteau, sur le dos duquel on frappe avec un petit maillet. Dans cette fente on insère un coin de bois dur, d'une forme simple, fig. 27, ou celui que les greffeurs appellent zède, fig. 28, afin de tenir la fente entr'ouverte.

Cependant on taille deux greffes en coin plus mince par le côté qui regardera le centre du sujet, ou même sans laisser d'écorce sur ce côté a, fig. 30. On pratique des entailles ou retraites b, fig. 31, qui porteront sur la surface du sujet: on néglige cette disposition si la greffe n'est pas trop grosse. Il suffit qu'il y ait un seul œil sur chacune: mais il est prudent d'en laisser plusieurs.

Quelques greffeurs choisissent des rameaux qui aient une portion de branche de deux ans, et font les incisions transversales précisément dans l'endroit où la pousse d'un an commence, desorte que celle de deux ans se trouve toute entière dans le sujet. Cette précaution n'est nullement nécessaire pour la réussite de l'opération ; elle peut néanmoins être utile et favoriser un peu la coïncidence des libers.

Les greffes doivent être insérées dans la fente du sujet de manière que leur liber, ou écorce intérieure, ou ce qui revient au même, de manière que l'entre-deux de l'écorce et de la partie ligneuse soit au droit de la partie correspondante du sujet, sans égard aux surfaces extérieures, qui ne doivent point être de niveau si les écorces sont d'épaisseur différente. Il suffit, pour réussir, qu'il y ait un seul point de contact entre les libers de l'un et de l'autre : aussi les personnes qui se défient de la sûreté de leur vue, ont un moyen infaillible de ne pas manquer leur opération : il consiste à incliner un peu la greffe en rapprochant son bout inférieur du centre du sujet et en en éloignant son bout supérieur ; de cette manière le liber de la greffe croise celui du sujet, et le touche au moins en deux points, un de chaque côté. Si la greffe est taillée sans retraite, il est facile de la faire toucher en quatre points, deux vers le haut du coin et deux audessous, plus ou moins près du bas.

Si les fentes du sujet présentent quelques inégalités qui empêchent les greffes de s'appliquer exactement, on fait disparaître ces défauts avec la pointe d'une serpette.

Les greffes posées, on retire le coin ou le zèue avec précaution, afin que les deux parties du sujet se rapprochent. Si le ressort est trop fort, si l'on craint que les greffes ne soient meurtries, écorchées ou trop comprimées, il faut placer un petit coin de bois verd qui pare à cet inconvénient.

L'usage des greffeurs est de mettre deux pièces d'écorce derrière les greffes, de les assujettir avec un lien d'osier. On enveloppe le tout de foin coupé menu et d'onguent du jardinier, (2) mélangés ensemble et recouverts encore d'une couche de foin maintenue par un osier fendu.

§ 3. De quelques autres manières d'enter.

La greffe par *enfourchement* se fait, lorsque le sujet est très-petit, en le taillant en coin a, fig. 32, et en fendant le rameau b, fig. 33, dont on coiffe le sujet, avec l'attention de faire coïncider les libers dans plusieurs points.

---

(2) Composé de terre et de bouze de vache. Voyez la page 103 du Guide des propriétaires et des jardiniers.

L'ente ou la greffe en fente peut aussi se faire dans quelqu'endroit dégarni des branches d'un espalier, ou dans quelque point d'une tige d'arbre. On y fait une incision c d, fig. 29, avec un instrument tranchant qui entame l'écorce, puis on fait un trou dans le bois. Ou bien on fait, avec un ciseau de menuisier, une entaille e, dans laquelle on place une greffe taillée convenablement, fig. 34, et toujours avec l'attention de faire coïncider les libers. On assujettit cette greffe avec un osier, et on l'enveloppe d'un appareil composé de foin et d'onguent du jardinier.

Il n'est pas inutile de faire connaître plusieurs autres manières d'enter, qui peuvent être rapportées à l'espèce d'ente qui fait le sujet de cet article.

I. On taille la greffe en faisant d'abord une incision transversale qui pénètre jusqu'à la moitié de l'épaisseur de la branche a, fig. 36; puis une incision longitudinale b, depuis le bas de la greffe jusqu'à la première incision. On enlève ainsi un copeau long de quinze ou vingt lignes. On retranche sur le bord du sujet, fig. 35, coupé et paré comme pour l'ente ordinaire, un morceau semblable à celui que la greffe a perdu, ou ce qui est équivalent, un morceau semblable à celui que la greffe a conservé; en un mot, on fait ensorte que la greffe soit adaptée aussi exactement que le serait le même morceau enlevé, si on le remettait en place; et on met les libers en rapport de toutes parts. Cette greffe, vulgairement nommée *greffe-par-entaille* ou *de demi en demi*, et qu'Étienne Calvel nommait *greffe de rapport*, se pratique d'ordinaire sur la vigne : on la fait très-près de la terre ou même en terre.

II. Au lieu d'inciser la greffe et le sujet dans une direction verticale, on les coupe diagonalement d'une face à l'autre, comme deux sifflets ou becs de flûte qui seraient ajustés l'un sur l'autre, fig. 37 et 38. Il n'est pas inutile de couper horisontalement, sur le haut du sujet, un segment de trois lignes en longueur a, fig. 37; on fait à la greffe une retraite b, fig. 38, qui portera sur l'extrémité tronquée du sujet; on fait à la pointe de la greffe a, fig. 38, un pareil retranchement, et au sujet une retraite semblable b, fig. 37.

Le moyen de faire, avec une exactitude parfaite, ces greffes *de rapport* ou *par entaille*, est de choisir un endroit du sujet qui soit exactement de la grosseur de la greffe. On mesure l'un et l'autre avec une ficelle ou une lanière, ou mieux avec un compas d'épaisseur, spécialement celui qu'on nomme *huit de chiffre*, dont les branches antérieures embrassant la greffe, font faire aux branches postérieures une pareille ouverture, laquelle portée sur le sujet sert à trouver l'endroit qu'on cherche.

III. On fait aussi cette greffe *en onglet* et en quelque sorte *par embrèvement*. Le sujet et la greffe sont coupés en talus a, fig. 39 et 40, dans des endroits où leur grosseur est la même ; ensuite on fait une incision b, fig. 39, qui commence à quatre lignes audessous de l'extrémité du sujet et qui vient, parallèlement à sa première coupe, se terminer au tiers de son épaisseur, et dans la longueur de quatre à six lignes : on emporte de même la partie la plus basse de la greffe dans les deux tiers de sa largeur b, fig. 40, et dans une longueur égale à celle du morceau enlevé au sujet. On ajuste les libers de manière qu'ils coïncident dans tous les points, ou du moins dans le plus grand nombre de points possible. Lorsque le sujet est plus gros que la greffe, on place celle-ci sur un des bords du sujet ; on pose même deux greffes s'il se trouve un espace suffisant. Je n'ai pas besoin d'insister sur l'emploi de la ligature d'osier et sur celui de l'onguent du jardinier.

La greffe en onglet se fait d'une manière plus simple : le sujet, fig. 41, et la branche qu'on veut y implanter, fig. 42, sont coupés en biseau ab, ab ; on fait ensuite une incision verticale cd, cd, tant à la greffe qu'au sujet, et on les ajuste de manière que le copeau intérieur bcd de l'une entre dans l'incision cd de l'autre, en faisant coïncider les libers.

IV. On greffe en fente sur racines, soit sur des racines pivotantes que l'on coupe et que l'on greffe comme on grefferait une tige d'arbre, soit sur une racine horizontale que l'on ne coupe point, mais que l'on fend dans le sens de sa longueur.

On peut employer un procédé semblable pour se procurer des marcottes ou, pour mieux dire, des boutures enracinées de quelque variété précieuse, et aussi pour fournir des racines à un arbre qui n'en a pas un nombre suffisant.

Enfin on greffe en fente sur boutures. Ainsi en plantant une bouture de Coignassier, on pose non-seulement un rameau de Poirier sur le haut, mais encore des racines par le bas, afin d'accélérer la reprise et l'accroissement de la bouture.

ART. III. GREFFE-EN-COURONNE.
OU EN TÊTE.

Cette greffe a reçu le nom de *greffe-en-couronne* parcequ'elle s'emploie le plus ordinairement pour des sujets très-gros, sur lesquels on place un certain nombre de rameaux, qui semblent former une sorte de couronne autour de l'extrémité de la tige raccourcie. Elle se fait lorsque les sujets sont assez en sève pour que leur écorce se sépare du bois, vers la fin d'avril ou dans le commencement de mai, avec des rameaux cueillis en janvier ou février.

Il faut étêter le sujet, fig. 43, avec une scie, l'unir avec un instrument tranchant ; insinuer la pointe d'un greffoir ou d'une serpette entre l'écorce et le bois, pour en commencer la séparation ; y introduire un coin de bois dur taillé en cure-dent, fig. 44, et après l'avoir retiré, insérer, à sa place une greffe taillée de la même manière, fig. 45 et 46, puis une seconde à 2 ou 3 pouces de distance de la première, et un plus grand nombre suivant la grosseur du sujet. Si l'écorce de ce dernier est épaisse, on incise verticalement df, la partie qui sera décollée par le coin : on prévient par là une déchirure moins convenable qu'une incision, mais d'ailleurs peu nuisible à la réussite de la greffe, parceque le dos de celle-ci doit répondre à cette ouverture. La même précaution est encore utile lorsque l'écorce de la greffe imbibée déjà d'une sève fluide, est disposée à quitter le bois et à se replier sur elle-même quand elle sera introduite entre le bois et l'écorce du sujet. Un lien d'osier et une poupée d'onguent du jardinier avec du foin, forment tout l'appareil du pansement nécessaire pour empêcher l'évaporation de la sève, et favoriser la cicatrisation de la plaie faite au sujet.

Au lieu d'introduire un coin pour décoller l'écorce du sujet et l'écarter de la partie ligneuse, je me sers souvent du greffoir; et après avoir fait l'incision longitudinale g, j'en fais une seconde, parallèle à la première, depuis le haut jusqu'au point h. Je forme ainsi un zeste, que je lève avec la spatule du greffoir, et dont la largeur est la moitié de celle de la greffe. Je soulève ensuite l'écorce à droite de ce zeste, en glissant la spatule au long de l'incision verticale g, pour y insinuer un des bords de la greffe, de manière que l'autre bord s'ajuste au long de l'écorce du sujet du côté gauche que je ne décolle point. La ligne de cette dernière jonction est ensuite recouverte par le zeste d'écorce dont je viens de parler.

Autrement je lève une pièce d'écorce assez large, e g h, pour que, dans sa place, je puisse loger la greffe, sans soulever l'écorce du sujet ni à droite ni à gauche. (3) On retrouve ici tous les avantages de la greffe à emporte-pièce.

---

(3) Quelquefois je partage cette pièce en deux bandes, dont chacune s'applique sur chaque ligne de jonction de la greffe avec le sujet. Mais les personnes qui travaillent en grand, peuvent sans inconvénient négliger ces détails qui leur sembleraient plus minutieux qu'utiles.

La greffe-en-couronne peut-être appliquée aux branches dégarnies des espaliers. On ne coupe point ces branches ; on fait seulement, à leur écorce, des incisions, pour y placer des greffes suivant un des procédés qui viennent d'être décrits.

Elle convient aux sujets déja forts, qu'elle endommage beaucoup moins que ne le ferait la greffe-en-fente. Elle est très-avantageuse pour la plupart des arbres, spécialement pour les Cerisiers, et lorsqu'on met en pratique le dernier procédé que j'ai indiqué. Sur les gros Cerisiers la greffe-en-fente manque souvent : l'écusson peut mieux réussir ; mais le rameau qu'il produit forme presque toujours un coude désagréable, tandis que la pousse de la greffe-en-couronne s'élève précisément dans la direction de la tige sur laquelle on l'a placée. Quoiqu'elle n'entre point dans le bois comme celle en fente, elle ne laisse pas d'être au moins aussi solide que cette dernière, parceque l'union des sèves se fait à une époque où le bois, aussi bien que l'écorce, en est abreuvé de toutes parts : ainsi unies elles deviennent ligneuses simultanément ; et formant le nouveau cilindre qui augmente la grosseur du sujet, elles ne font avec lui qu'un seul et même corps ; tandis que souvent la greffe-en-fente est, dans un grand nombre de points, appliquée à une partie sèche du bois, et se trouve, pendant plusieurs années, sujette à s'éclater.

Art. IV. Greffe-en-flute,

Cette greffe est une sorte d'écusson à plusieurs yeux. Elle est plus connue sous le nom de *bague* dans beaucoup de pays, où les cultivateurs se servent du terme de *baguer* pour signifier *greffer en flûte*. Ils l'emploient très-communément pour se procurer les espèces précieuses de Châtaigniers et de Marronniers, que les semis de fruits les mieux choisis ne pourraient pas reproduire d'une manière aussi fidèle.

On greffe en flûte dès que le mouvement de la sève est assez sensible pour permettre à l'écorce de se séparer aisément du bois; mais avant le moment où les yeux se disposent à s'ouvrir et à pousser. Cette époque est exclusivement affectée à la greffe du Châtaignier et du Figuier. Les autres arbres peuvent être greffés en flûte tant à œil dormant qu'à la pousse.

Une greffe en flûte se fait avec un tuyau d'écorce garnie d'un, deux ou trois yeux, qu'on enlève dans une partie droite et unie d'un bourgeon d'un an, en le coupant par le haut et incisant l'écorce circulairement par le bas, puis en tournant pour décoller le tuyau, fig. 48. Si l'écorce tient trop au bois, on est obligé de mettre les greffes par le gros bout, durant une ou deux heures, dans de l'eau dégourdie, afin de délayer un peu la sève : autrement on peut inciser, dans toute sa longueur, la pièce d'écorce qu'on veut enlever et la séparer du bois en s'aidant du greffoir. Il faut surtout s'assurer si le germe de l'œil est entier.

On enlève un pareil tuyau d'écorce sur une branche du sujet qu'on veut greffer a, fig. 47. On a dû recéper ce sujet l'année précédente, s'il n'était pas jeune et vigoureux, afin de se procurer du bois nouveau. On fait ensorte que l'endroit où l'on pose la greffe soit aussi gros que le bourgeon sur lequel on l'a prise. Si le tuyau était trop au large, on lui ôterait une lanière ou bande de largeur convenable. Si, au contraire, il était trop petit, on le fendrait verticalement, et on prendrait une petite pièce d'écorce dans le tuyau enlevé au sujet, pour couvrir la partie du bois que le tuyau de la greffe laisserait à nud. J'aime mieux, dans ce cas, laisser d'avance cette pièce sans la décoller a b, fig. 51, inciser le surplus de l'écorce circulairement et l'enlever à l'aide du greffoir, enfin ajuster la greffe que j'assujettis au moyen du Rubanier, et que j'englue, en grande partie, avec l'emplâtre ou l'onguent du jardinier. (4)

---

(4) Voyez pages 102 et 103 du Guide des propriétaires et des jardiniers.

Dans tous les cas, au lieu d'enlever tout-à-fait le tuyau du sujet, il vaut mieux le partager en plusieurs bandes c d, e f, g h, i k, l m, dans une longueur plus grande que celle de la greffe, et quand celle-ci est en place, la recouvrir avec les bandes qui se réunissent audessus d'elle, en laissant toutefois les yeux à découvert.

Plusieurs greffeurs ont un moyen assez grossier de retenir la greffe et de l'empêcher de remonter. Après que le tuyau du sujet a été enlevé et remplacé par celui de la greffe, le bois excédant de quelques lignes a b, fig. 50, est raclé jusqu'à l'endroit où arrive le haut de la greffe c d.

D'autres prennent le temps et la peine de recouvrir avec un petit cilindre d'écorce, fig. 49, cette partie excédente du bois, et ne le raclent point.

Art. V. GREFFE-PAR-APPROCHE.

§ 1. Définition de la greffe-par-approche. *Condition requise pour sa réussite.*

Des branches de deux arbres voisins, ont pu se rapprocher, se presser, et s'enlever l'un à l'autre une portion d'écorce. Venant ensuite à s'unir d'une manière permanente, elles ont dû donner l'idée de la greffe par approche. Ce qui la distingue des autres greffes, c'est que la branche qu'on veut unir au sujet n'est pas réduite à tirer de lui seul la sève nécessaire à sa nourriture : elle reste attachée à l'arbre dont elle dépend : on ne la sèvre, c'est-à-dire, on ne la sépare de cet arbre, qu'après un ou deux ans, ou dumoins lorsque la greffe est parfaitement unie au sujet qu'on veut perfectionner.

Pour cette greffe, comme pour toutes les autres, il faut que les sèves puissent se rencontrer ; et si elles ne sont pas encore en mouvement, il faut que les libers coïncident en plusieurs points.

§ 2. DIVERSES MANIÈRES D'OPÉRER.

1.° Le sujet doit d'abord être rabattu à la hauteur où l'on veut greffer : on lui ôte une pièce d'écorce a, fig. 54, pareille à celle qui sera ôtée sur la branche qu'on y ajustera A, fig. 53.

2.° On fend le sujet b, fig. 55, et l'on insère dans la fente une partie de branche taillée en forme de coin B, fig. 53, ou en forme d'onglet, fig. 40 et 43.

3.° On fend la greffe c, fig. 53, et on taille en coin le sujet C, fig. 56.

4.° On enlève au sujet d, fig. 57, un lambeau d'écorce et de bois ou d'écorce seulement, pour y adapter la greffe D, fig. 53, taillée convenablement.

On applique ensuite une ligature qu'on enveloppe d'onguent du jardinier.

La greffe-par-approche peut encore être diversifiée de plusieurs façons. Elle n'est pas fréquemment pratiquée; cependant elle pourrait l'être avec beaucoup d'avantage, surtout pour des arbres plantés dans des caisses, et qu'il serait facile de rapprocher les uns des autres.

NOTA. *La première planche est marquée du chiffre* II, *parceque cet opuscule fait suite au* Guide des propriétaires et des jardiniers, *lequel est accompagné d'une grande planche unique. C'est pourquoi la figure désignée comme la onzième, est la première de celles qui appartiennent au Précis sur les greffes.*

FIN.

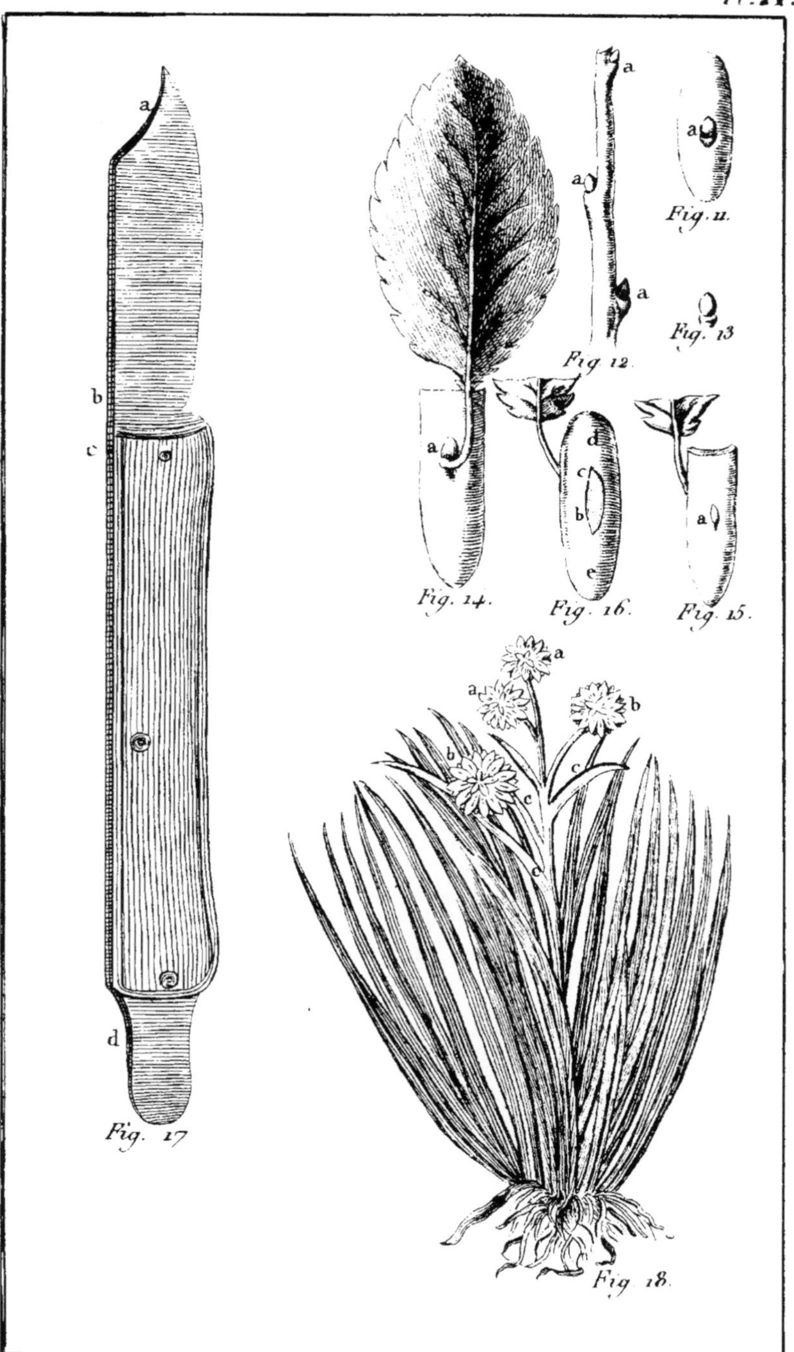
a
b
c
d
Fig. 17
a
a
a
Fig. 12.
a
Fig. 11.
Fig. 13
a
Fig. 14.
d
c
b
e
Fig. 16.
a
Fig. 15.
a
a
b
b
c
c
c
Fig. 18.

Pl. III.

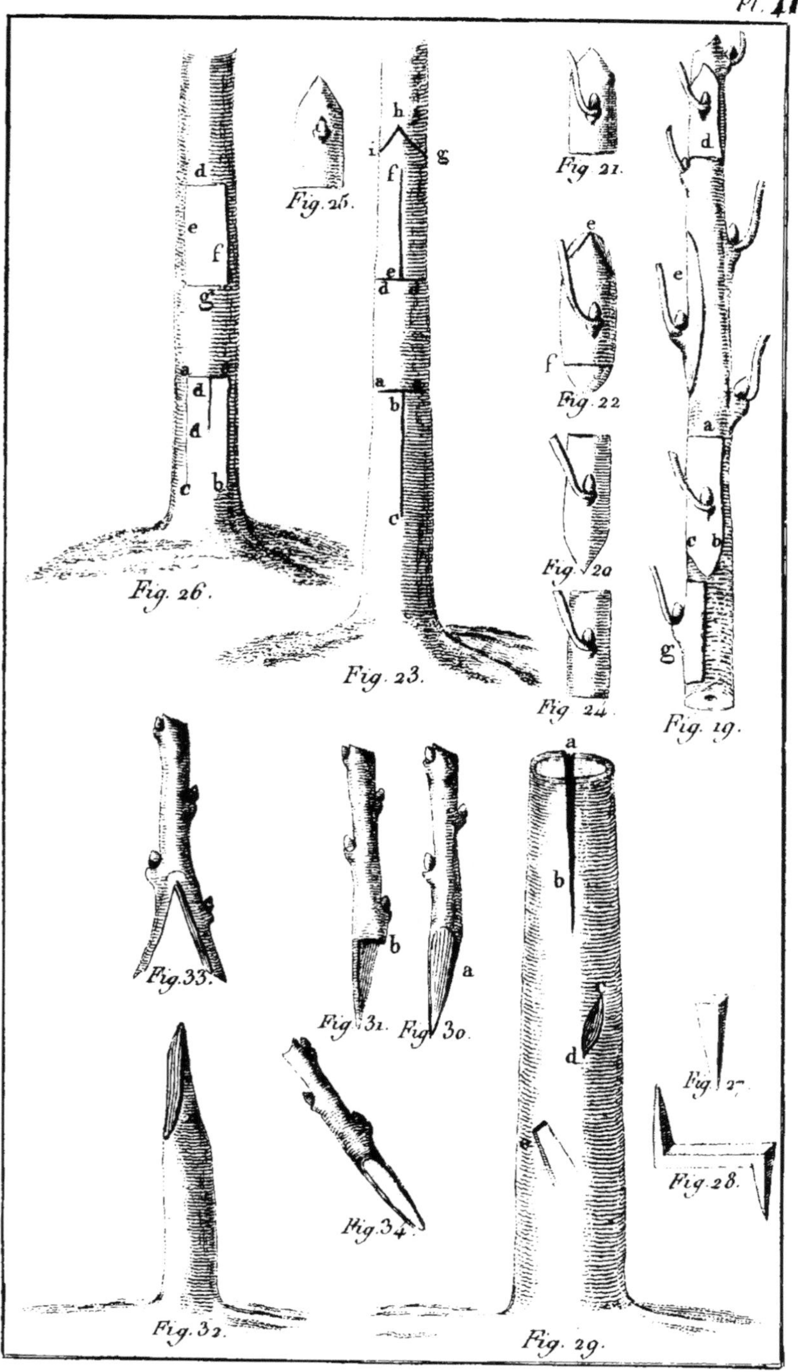
Fig. 26.
Fig. 25.
Fig. 23.
Fig 21.
Fig. 22
Fig. 20
Fig 24.
Fig. 19.
Fig. 33.
Fig. 31.
Fig. 30.
Fig. 34.
Fig. 27.
Fig. 28.
Fig. 32.
Fig. 29.

Pl. IV.

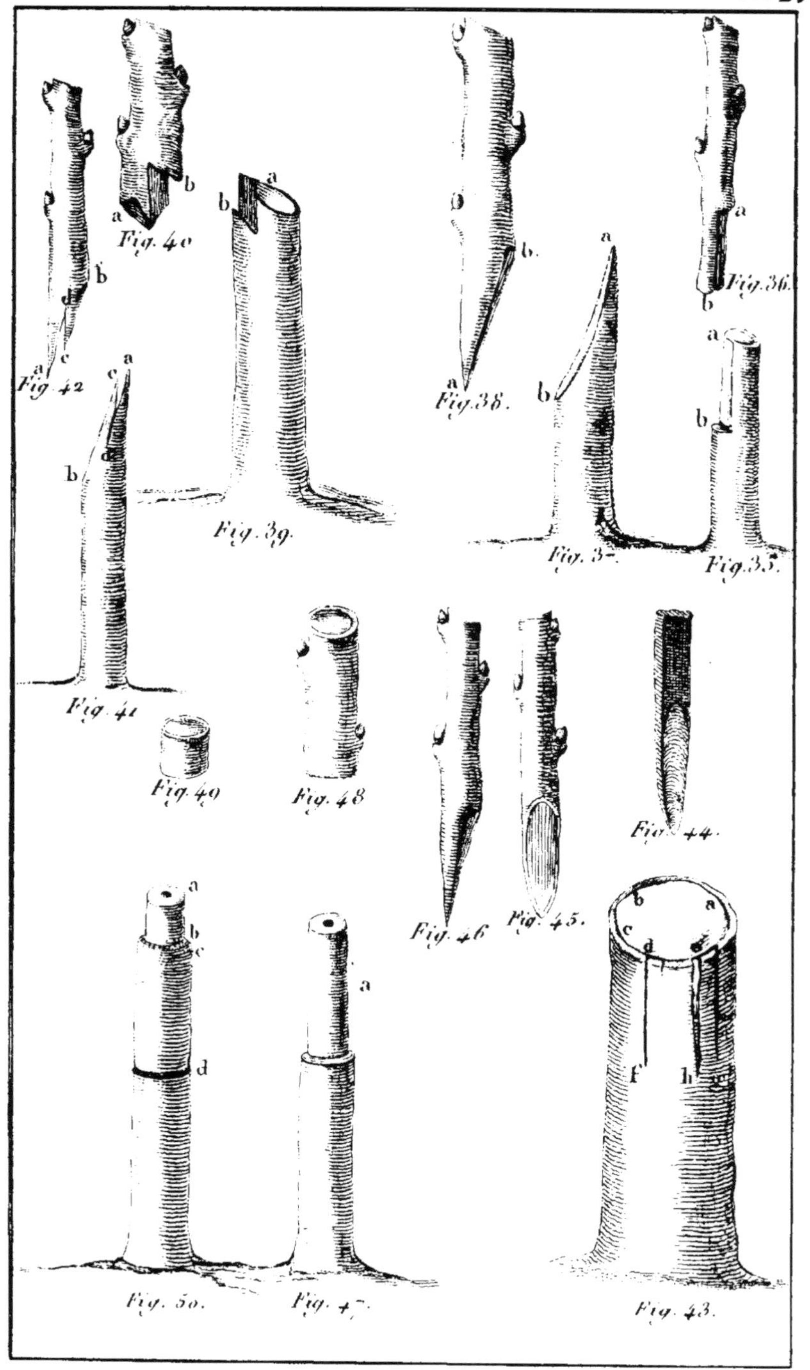

Fig. 40
Fig. 42
Fig. 39
Fig. 38.
Fig. 36.
Fig. 37.
Fig. 35.
Fig. 41
Fig. 49
Fig. 48
Fig. 46
Fig. 45.
Fig. 44.
Fig. 50.
Fig. 47.
Fig. 43.

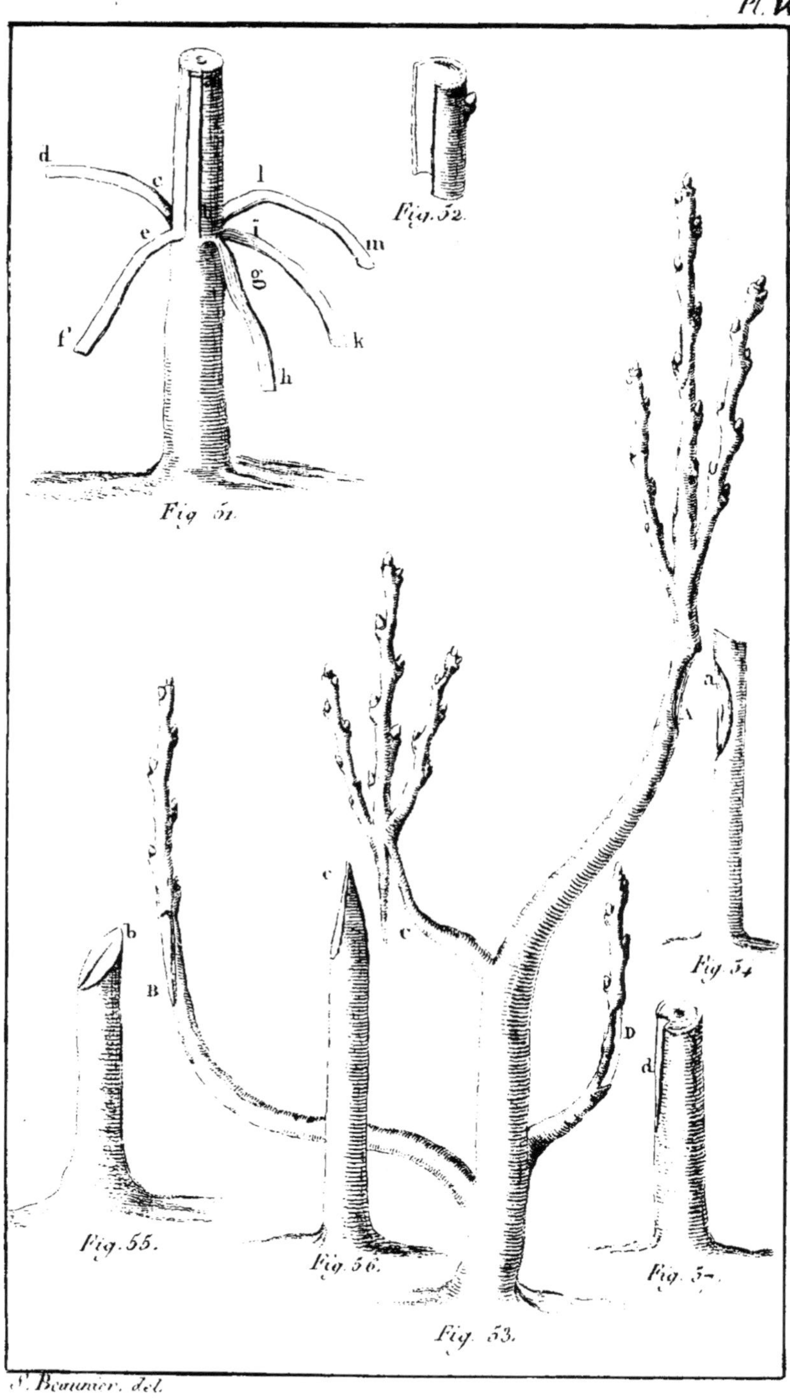

S. Beaunier, del.

Imprimé en France
FROC011619010720
24395FR00018B/491

9 782329 421056